インプレス R&D [ NextPublishing ] 技術の泉 SERIES
E-Book / Print Book

# 誰でもつかえる！
# ウェブフォント実践マニュアル

大木 尊紀 著

基礎から最適化、ライセンスまで
これを読めばあなたも
**ウェブフォントマスター！**

# 目次

まえがき ........................................................................................ 4
　　対象読者 .................................................................................. 4
　　対象環境 .................................................................................. 4
　　お問い合わせ ............................................................................. 4
　　謝辞 ........................................................................................ 4

リポジトリとサポートについて ........................................................ 4

表記関係について ........................................................................... 5

免責事項 ....................................................................................... 5

底本について .................................................................................. 5

第1章　ウェブフォントについて ..................................................... 7

1.1　ウェブフォントとは？ ............................................................ 7

1.2　ウェブフォントのメリット、デメリット ................................... 7
　　メリット .................................................................................. 8
　　アクセシビリティの向上 ............................................................ 8
　　デメリット ............................................................................... 8

1.3　フォントデータの中身 ............................................................ 8

1.4　ウェブフォントの形式 ............................................................ 9
　　形式の指定 ............................................................................. 10

第2章　ウェブフォントを使う ....................................................... 11

2.1　自前で用意する場合 .............................................................. 11
　　フォントを選ぶ ...................................................................... 11
　　フォントのファイルサイズを最適化する .................................. 11
　　サーバーへアップロードする .................................................. 15
　　CSSでフォントを読み込む ..................................................... 15

2.2　その他の方法 ....................................................................... 17

第3章　ウェブフォント最適化 ....................................................... 18

3.1　ウェブフォントとクリティカルレンダリングパス ...................... 18

3.2　各ブラウザの挙動の違い ....................................................... 19
　　ブラウザの基本的な挙動 ......................................................... 19
　　ブラウザによるタイムアウト処理 ............................................ 20

3.3　ウェブフォントでよくある問題 .............................................. 21

3.4　CSSによる最適化 ................................................................. 22
　　font-display プロパティ ......................................................... 22

3.5　JavaScript による最適化 ...................................................... 24
　　Font Loding API .................................................................. 24
　　Web Font Loader ................................................................ 25

2　　目次

モジュール ······················································· 29

FOUT を CSS で制御する ····································· 31

3.6 キャッシュによる最適化 ·········································· 32

ETag ··························································· 32

Cache-Control ················································ 32

3.7 preload による最適化 ············································· 33

3.8 最適化チェックリスト ············································· 34

付録A フリーフォントのライセンスについて ························· 36

A.1 ウェブフォントの扱い ············································· 36

A.2 ウェブフォントとして利用可能なライセンス ··························· 36

SIL Open Font License（OFL）································· 36

Apache License 2.0 ··········································· 37

M+ FONT LICENSE ········································· 38

その他のライセンス ············································· 38

パブリックドメイン ············································· 38

A.3 著作権侵害をしないために気をつけることリスト ······················· 38

付録B おすすめの日本語フリーフォント ····························· 40

1. Yaku Han JP ·············································· 40

2. 源ノ角ゴシック（Source Han Sans、Noto Sans CJK JP）········ 40

3. 源柔ゴシック ··············································· 40

4. 源ノ明朝（Source Han Serif、Noto Serif CJK JP）············· 40

著者紹介 ······························································ 41

まえがき

　タイポグラフィは、デザインやブランディングだけでなくユーザー体験にも大きく影響する
重要な要素です。ウェブデザインの際、ウェブフォントを使うことでOSや解像度、画面サイズ
などに影響されず一貫したタイポグラフィを実現することができます。優れたデザインやユー
ザー体験を提供するためにウェブフォントはとても重要なのです。

　しかし、日本ではウェブフォントの使用が敬遠されがちです。その理由は**「ウェブフォント
（の動作）が重いから」**です。

　たしかに、日本語のウェブフォントのファイルサイズは大きくなりがちです。しかし適切な
使い方をした上で読み込みを最適化すれば、サイト全体のパフォーマンスへの影響を軽減する
ことができます。きちんと最適化すれば、画像文字を使う場合よりパフォーマンスを向上させ
ることもできるのです。

　本書ではウェブフォントの最適化について、さまざまな手法を紹介しています。本書を読む
ことでウェブフォントへの抵抗を払拭し、ウェブフォントを使ってウェブサイトの「おしゃれ」
を楽しんでもらえたら嬉しいなと思います。

対象読者

　ウェブフォントを使いたいと思っているフロントエンドエンジニア、ウェブデザイナー

対象環境

　本書のコード、公開しているサイトやソースは下記環境を対象にしています。その他の環境
での動作は保証しかねます。ご了承ください。

**Chrome、Opera、Safari、Edge（それぞれ最新版）**

お問い合わせ

　本書に関するお問い合わせは、https://twitter.com/takanoripe までお願いします。

謝辞

　レビューに協力してくださった皆様、本当にありがとうございました。

## リポジトリとサポートについて

　本書に掲載されたコードと正誤表などの情報は、次のURLで公開しています。

　　https://github.com/impressrd/support_webfontbook

## 表記関係について

本書に記載されている会社名、製品名などは、一般に各社の登録商標または商標、商品名です。会社名、製品名については、本文中では©、®、™マークなどは表示していません。

## 免責事項

本書に記載された内容は、情報の提供のみを目的としています。したがって、本書を用いた開発、製作、運用は、必ずご自身の責任と判断によって行ってください。これらの情報による開発、製作、運用の結果について、著者はいかなる責任も負いません。

## 底本について

本書籍は、技術系同人誌即売会「技術書典4」で頒布されたものを底本としています

# 第1章　ウェブフォントについて

　この章ではウェブフォントの基本について解説します。また、ウェブフォントがなぜ重要なのかについても説明します。

## 1.1　ウェブフォントとは？

　ウェブブラウザがウェブページを表示する時、通常は使用している端末にインストールされているフォントを使って表示します。そのため、端末によってはウェブサイトの制作者が意図したフォントがインストールされておらず、想定していない表示になってしまう可能性ががあります。また、任意のフォントを利用することができないため、デザインにも制約が生じてしまいます。

　従来は、テキストを画像にして表示することでこれら制約を回避していましたが、保守性の悪さ、文章の検索ができない、スクリーンリーダーなどのユーザー補助機能が使えないといった問題がありました。

　そこで、サーバー上に設置されたフォントデータをを使用することで、ウェブサイト制作者が意図したフォントでテキストを表示できるようにした技術がウェブフォントです。ウェブフォントを利用することで、どの端末でも同じフォントでテキストを表示することができます。

図: ウェブフォントの仕組み

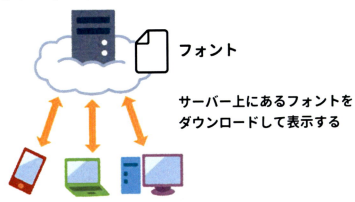

## 1.2　ウェブフォントのメリット、デメリット

　ウェブフォントには次のようなメリット、デメリットがあります。ウェブフォントを正しく

使うには、これらの特性について正しく理解することが重要です。

## メリット

### デザインの制約がなくなる

　ウェブフォントを使えば、端末やOSに搭載されていないフォントを使えるようになり、自由に読みやすいタイポグラフィを実現できます。また、どの端末でも制作者が意図したフォントを表示できるので、デザインの崩れや想定外の表示を防ぐことができ、ユーザー体験を向上させることができます。

### アクセシビリティの向上

　画像ではなくテキストとして表示することができるので、コピー＆ペーストや文字の検索などが可能になります。スクリーンリーダーや翻訳機能などのユーザー補助機能に対応することもでき、画像を使用する場合に比べて大幅なアクセシビリティの向上を実現できます。

## デメリット

### データが重い

　日本語は文字数がとても多く（特に漢字）、ファイルサイズが数MBと大きくなるため読み込みに時間がかかる問題があります。そのため、日本語のウェブサイトではウェブフォントが敬遠されがちです。しかし、フォントをサブセット化[1]したり読み込みを最適化することで、この問題は解消することができます。（具体的な方法は第3章でご紹介します。）

## 1.3　フォントデータの中身

　次に、ウェブフォントで使用されるフォントデータの中身について説明します。

　フォントはグリフ[2]の集合体で、それぞれのグリフは文字または記号を表現するベクター図形です。そのため、フォントファイルのサイズは各グリフのベクターパスの複雑さと、フォントを構成するグリフの数によって決まります。日本語フォントはグリフの数が多く、さらにパスが複雑な文字が多いため、ファイルサイズが大きくなります。

---

1. フォントの中から必要な文字だけ抜き出してファイルサイズを小さくすること
2. 文字の形を指す言葉

図1.1: グリフ

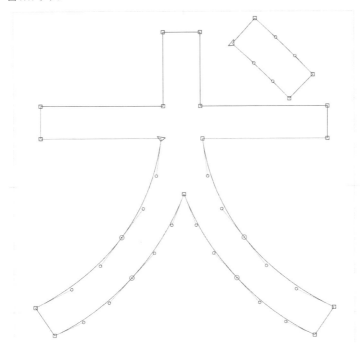

## 1.4 ウェブフォントの形式

現在、次の4種類のコンテナ形式がウェブフォントとして利用されています。

EOT（Embedded OpenType）

EOTはマイクロソフトがウェブフォント用に設計したコンテナ形式で、Internet Explorer（以降IE）でのみサポートされています。

TTF（TrueType）

TTFはAppleとマイクロソフトが共同で開発したコンテナ形式です。IEでは一部のバージョンでしかサポートされていません。

WOFF（Web Open Font Format）

WOFFはウェブページでフォントを利用するために開発されたコンテナ形式でTrueTypeやOpenTypeのフォントを圧縮した形式です。現在もっとも幅広いブラウザでサポートされています。

WOFF2（Web Open Font Format2）

WOFF2はWOFFをベースに開発されたコンテナ形式で、Brotliという圧縮形式を採用して

います。WOFFに比べてファイルサイズが30%ほど小さいという特徴を持っています。詳しくはWOFF2の評価レポート[3]をご覧ください。2018年4月現在、WOFF2はIE以外の主要ブラウザでサポートされています。

## 形式の指定

2018年4月現在、ほとんどのブラウザでWOFFとWOFF2がサポートされています。そのためEOTやTTFは指定する必要がなくなりました。

IE11以降の、いわゆるモダンブラウザのみを対象としている場合は、WOFF2形式のフォントを用意するだけでよいでしょう。もしバージョンの古いIEもサポートしたい場合はWOFF形式のフォントも用意する必要があります。

SVGフォントという形式もありますが、IEやFirefoxではサポートされておらず、Chromeでもサポートが終了しています。そのため本書では説明しません。

---

3.https://www.w3.org/TR/WOFF20ER/

# 第2章　ウェブフォントを使う

　自前でウェブフォントを用意するというと難しい印象がありますが、意外と簡単に使うことができます。この章では、ウェブフォントを使うための具体的な手順を解説します。

## 2.1　自前で用意する場合

フォントを選ぶ

　まずは使用するフォントを選んでダウンロードします。ウェブ上で公開されているフリーフォントを使用することになると思いますが、使用するフォントのライセンスをよく確認しましょう。商用利用が無料で認められているフォントでもウェブフォントとしての使用を制限している場合もあり、注意が必要です。ライセンスについては付録で詳しく解説しています。

　本書では、Noto Sans CJK JP を例に解説をすすめていきます。

フォントのファイルサイズを最適化する

　和文フォント（特に漢字が多く収録されているフォント）はファイルサイズが数MBになることもあり、そのままウェブフォントとして使用するには大きすぎます。Noto Sans CJK JP のファイルサイズは、次のとおりです。

表2.1: Noto Sans CJK JP のファイルサイズ

| ファイル名 | ファイルサイズ |
| --- | --- |
| NotoSansCJKjp-Thin.otf | 15.2MB |
| NotoSansCJKjp-Light.otf | 16.2MB |
| NotoSansCJKjp-DemiLight.otf | 16.4MB |
| NotoSansCJKjp-Regular.otf | 16.4MB |
| NotoSansCJKjp-Medium.otf | 16.5MB |
| NotoSansCJKjp-Bold.otf | 17MB |
| NotoSansCJKjp-Black.otf | 17.3MB |

　1ファイル16MB前後と非常に大きく、このままではウェブフォントとして使うことはできません。そこで、フォントをサブセット化してフォントファイルの大きさを削減します。

収録文字の選定

　サブセットフォントに収録する文字は「**JISX0208 第一水準漢字＋記号＋基本ラテン文字＋カタカナ＋ひらがな**」が一般的です。

JISX0208第一水準漢字は常用漢字や人名漢字などの使用頻度が高い漢字をまとめたもので、全部で2965文字あります。日常的な文章であれば第一水準漢字のみでカバーできるはずです。

　また、全角の英数や半角カタカナなどは使用する機会が少ないので削除してもよいかもしれません。

サブセット化

　収録する文字を決めたら、フォントをサブセット化して必要な文字だけを含むフォントファイルを作成します。

図2.1: サブセット化

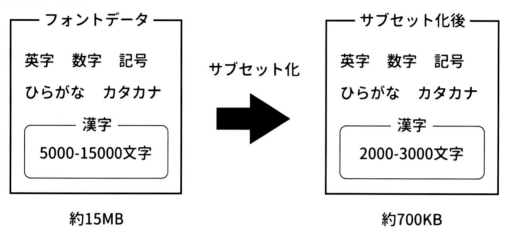

　サブセット化には「**サブセットフォントメーカー**」[1]というフリーソフトを使用します。大まかな手順は次のとおりです。

---

1.https://opentype.jp/subsetfontmk.htm

図2.2: サブセットフォントメーカー

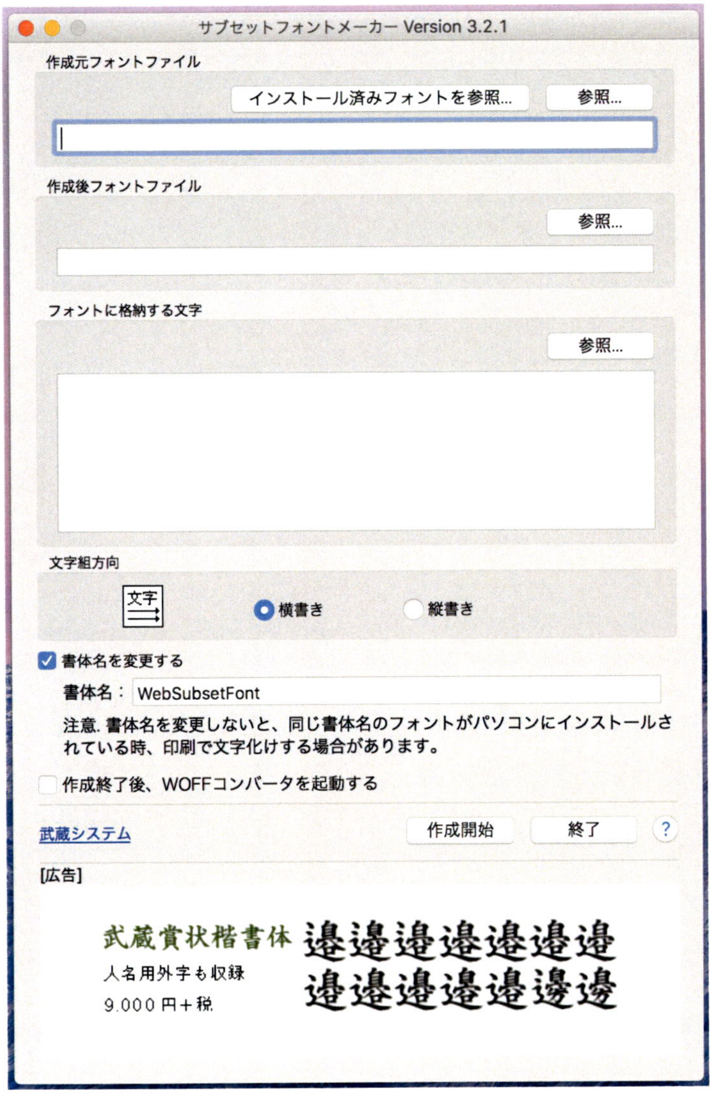

1. 「作成元フォントファイル」に軽量化するフォントを選択
2. 「作成後フォントファイル」に軽量化したフォントファイルの保存場所を選択
3. 「フォントに格納する文字」にサブセットフォントに格納する文字列を入力する
4. 「作成開始」をクリック

フォントを変換する

　続いて、フォントをWOFF形式とWOFF2形式に変換します。フォントの変換には「**WOFF コンバーター**」[2]というフリーソフトを使用します。

---

2. https://opentype.jp/woffconv.htm

図2.3: WOFF コンバーター

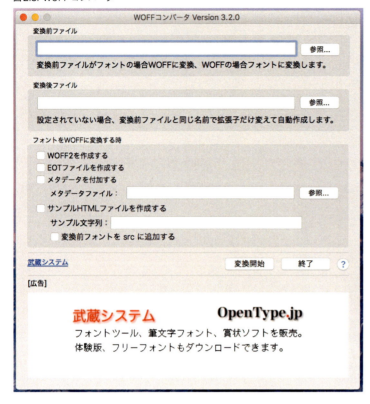

1. 「変換前ファイル」に前項で軽量化したフォントを選択
2. 「変換後ファイル」に変換後のファイル名を指定
3. 「WOFF2を作成する」にチェックを入れる
4. 「変換開始」をクリック

効果の検証

　Noto Sans CJK JPのファイルサイズを最適化の前後で比較すると、次のようになりました。

表2.2: Noto Sans CJK JPのファイルサイズの比較

| ファイル名 | 最適化前 | 最適化後（WOFF） | 最適化後（WOFF2） |
| --- | --- | --- | --- |
| NotoSansCJKjp-Thin | 15.2MB | 534KB | 467KB |
| NotoSansCJKjp-Light | 16.2MB | 559KB | 494KB |
| NotoSansCJKjp-DemiLight | 16.4MB | 564KB | 499KB |
| NotoSansCJKjp-Regular | 16.4MB | 567KB | 502KB |
| NotoSansCJKjp-Medium | 16.5MB | 568KB | 503KB |
| NotoSansCJKjp-Bold | 17MB | 573KB | 509KB |
| NotoSansCJKjp-Black | 17.3MB | 564KB | 500KB |

最適化前のファイルとWOFF2を比べると、最大で16MB程度ファイルサイズが小さくなって
いることが確認できました。ここまで軽くなれば、ウェブフォントとして使うことができます。

サーバーへアップロードする

　最適化したフォントをサーバーへアップロードします。これでフォントがウェブサイト上で
使えるようになりました！

CSSでフォントを読み込む

　最後にCSSの@font-faceプロパティを使用して、フォントを読み込みます。これでウェブ
フォントを表示させることができます。
　Noto Sans CJK JPの場合、ウエイトごとにファイルが分かれているので、次のようにウエイ
トごとに@font-faceを定義します。

```css
@font-face {
  font-family: "Noto Sans CJK JP";
  font-weight: 100;
  src: url(/src/fonts/NotoSansCJKjp-Thin.woff2) format("woff2"),
       url(/src/fonts/NotoSansCJKjp-Thin.woff) format("woff");
}

@font-face {
  font-family: "Noto Sans CJK JP";
  font-weight: 300;
  src: url(/src/fonts/NotoSansCJKjp-Light.woff2) format("woff2"),
       url(/src/fonts/NotoSansCJKjp-Light.woff) format("woff");
}

@font-face {
  font-family: "Noto Sans CJK JP";
  font-weight: 350;
  src: url(/src/fonts/NotoSansCJKjp-DemiLight.woff2)
format("woff2"),
       url(/src/fonts/NotoSansCJKjp-DemiLight.woff)
format("woff");
}

@font-face {
  font-family: "Noto Sans CJK JP";
  font-weight: 400;
  src: url(/src/fonts/NotoSansCJKjp-Regular.woff2)
```

```css
  format("woff2"),
        url(/src/fonts/NotoSansCJKjp-Regular.woff) format("woff");
}

@font-face {
  font-family: "Noto Sans CJK JP";
  font-weight: 500;
  src: url(/src/fonts/NotoSansCJKjp-Medium.woff2) format("woff2"),
        url(/src/fonts/NotoSansCJKjp-Medium.woff) format("woff");
}

@font-face {
  font-family: "Noto Sans CJK JP";
  font-weight: 700;
  src: url(/src/fonts/NotoSansCJKjp-Bold.woff2) format("woff2"),
        url(/src/fonts/NotoSansCJKjp-Bold.woff) format("woff");
}

@font-face {
  font-family: "Noto Sans CJK JP";
  font-weight: 900;
  src: url(/src/fonts/NotoSansCJKjp-Black.woff2) format("woff2"),
        url(/src/fonts/NotoSansCJKjp-Black.woff) format("woff");
}

body {
  font-family: "Noto Sans", "Noto Sans CJK JP", sans-serif;
}
```

url() ディレクティブで読み込むフォントのリソースを指定し、format() でフォントの形式を指定します。src で指定されたリソースは、上から順番に読み込まれていくので、より優先したいリソースを先に記述しておく必要があります。

また、local() ディレクティブを使うことで、ローカルにインストールされているフォントを優先的に使用できます。その場合、ローカルのフォントとこちらが提供するフォントの名前が衝突しないようにする必要があります。（同じ名前だとCSSで別のフォントとして指定できないため。）

今回はWOFF2形式のフォントを優先的に読み込んでほしいので、このような記述になっています。

```css
@font-face {
  font-family: "Inu Sans CJK JP";
```

```
  font-weight: 900;
  src: local("NotoSansCJKjp-Black"),
       url(/src/fonts/InuSansCJKjp-Black.woff2) format("woff2"),
       url(/src/fonts/InuSansCJKjp-Black.woff) format("woff");
}

body {
  font-family: "Noto Sans", "Noto Sans CJK JP", "Inu Sans CJK JP",
sans-serif;
}
```

## 2.2 その他の方法

自前でフォントを用意する以外にも、Google Fonts や typekit などのウェブフォント配信サービスを使う方法があります。本書では詳しく解説しませんが、各サービスのサイトに詳しい使い方が載っているので参考にしてみてください。

Google Fonts

https://fonts.google.com/

typekit

https://helpx.adobe.com/jp/typekit/using/add-fonts-website.html

# 第3章 ウェブフォント最適化

第1章でも述べましたが、ウェブフォントを使うことで優れたデザインやユーザー体験を提供することができます。しかし、ウェブフォントの読み込みはウェブサイト全体のパフォーマンスに影響を与えるため、ウェブフォントの最適化が重要になります。

誤解されがちですが、ウェブフォントを使用しているからといってページのレンダリングが遅くなるわけではありません。テキストのレンダリングがウェブフォントによってブロックされることがあり、ページ全体のレンダリングが遅くなっているように見えてしまうのです。

フォントやそれ以外のデータの読み込みを最適化することで、全体のサイズを削減しページのレンダリング時間を短縮することができます。ここではウェブフォント最適化の具体的な方法について解説していきたいと思います。

## 3.1 ウェブフォントとクリティカルレンダリングパス

ブラウザがページを表示するとき、まずHTML・CSS・JavaScriptのデータを受信します。これらをピクセルとしてレンダリングするまでの中間段階で行われている一連の処理の流れを、クリティカルレンダリングパスと呼びます[1]。

フォントの遅延読み込みは、テキストのレンダリングを遅延させるという問題を引き起こす場合があります。ブラウザ側でテキストのレンダリングに必要なフォントのリソースを判別するには、まず、DOMツリーとCSSOMツリーからレンダリングツリーを構築する必要があります[2]。その結果、フォントのリクエストが他のリソースよりもずっと後になるため、フォントが取得できるまでブラウザのテキストレンダリングがブロックされることがあります。

具体的には、次のような順序でレンダリングされます。

図3.1: クリティカルレンダリングパス

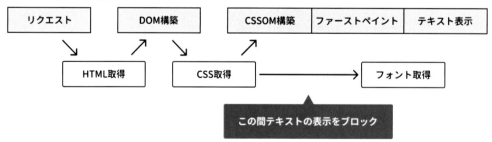

---

1.https://developers.google.com/web/fundamentals/performance/critical-rendering-path/
2.https://developers.google.com/web/fundamentals/performance/critical-rendering-path/render-tree-construction

・ブラウザがHTMLをリクエストする。

・DOMの構築を開始する。

・CSS、JS、その他のリソースを検出し、ダウンロードする。CSSのダウンロードが完了したらCSSOMの構築を開始し、DOMツリーと結合してレンダリングツリーを構築する。

　—レンダリングツリーから、ページ上のテキストレンダリングに必要なフォントが判明した後、フォントをダウンロードする。

・コンテンツがレンダリングされる。

　—フォントがまだ使用できない場合、ブラウザはテキストのピクセルを描画できない。

　—フォントが使用可能になるとブラウザがテキストのピクセルを描画する。

　図のように、フォントのダウンロードがコンテンツの初回描画（レンダリングツリー構築のすぐ後に実行可能）とかぶってしまうことによって、ブラウザがページのレイアウトがレンダリングされているのに、テキストが表示されない問題が発生します。

　ここからは、この動作を最適化する方法について見ていきます。

## 3.2　各ブラウザの挙動の違い

ブラウザの基本的な挙動

　まず、ブラウザ内部でウェブフォントがどのように扱われるか確認しましょう。

　基本的に、ブラウザは次の3つのチェックポイントを持っています。

・block period

・swap period

・failure period

　まず、ブラウザはローカルに指定のフォントがインストールされてないか探します。ローカルにインストールされていない場合、ブラウザはフォントのダウンロードを始めます。

　block periodの間はテキストを表示しません。（正確には、invisible-fallback font faceという、見えない文字でレンダリングしています）

　swap periodに入ったら、代替フォントでテキストを表示します。しかし、フォントのダウンロードは継続されているため、ダウンロードが完了後に指定のフォントに置き換えられます。

　swap periodでフォントがダウンロード出来なかった場合、failure periodに入ります。そして、フォントのダウンロードは中断され、代替フォントのまま表示されます。

図3.2: ブラウザがフォントを表示するまで

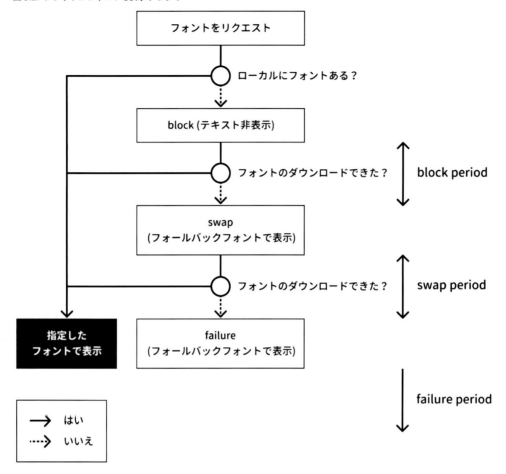

### ブラウザによるタイムアウト処理

ブラウザはウェブフォントを表示するためにフォントをダウンロードしますが、不安定なネットワークなどが原因で読み込みに長い時間がかかってしまう場合があります。この待ち時間はユーザーにストレスを与える可能性があるため、ほとんどのブラウザはタイムアウト処理とフォールバックを実装しています。

このタイムアウトは、前項で説明したblock periodからswap periodへ切り替わるタイミングを制御するものです。タイムアウトとフォールバックはとてもよい機能ですが、残念ながらブラウザごとに実装が違います。ウェブフォント読み込み時の各ブラウザの挙動は次の表3.1のとおりです。

表3.1: 各ブラウザの挙動

| ブラウザ | タイムアウト | フォールバック | 再レンダリング |
|---|---|---|---|
| Chrome 35+ | 3秒 | あり | あり |
| Opera | 3秒 | あり | あり |
| Firefox | 3秒 | あり | あり |
| Edge, IE | 0秒 | あり | あり |
| Safari | なし | 不可 | 不可 |

・ChromeとFirefoxは3秒でタイムアウトし、その後テキストがフォールバックフォントで表示されます。フォントがダウンロードされたら、テキストが意図したフォントで再レンダリングされます。

・EdgeとIEには0秒のタイムアウトがあり、即座にテキストがレンダリングされます。ウェブフォントがまだ利用可能でない場合はフォールバックフォントが使用され、ウェブフォントが利用可能になるとテキストが再レンダリングされます。

・Safariはタイムアウトしません。フォールバック処理も実装されていないので、ウェブフォントが利用可能でない場合、テキストは表示されません。Safariはウェブフォントに厳しいですね。

これらの実装の違いが、ウェブフォントを扱いにくいものにしていると言っても過言ではないでしょう。ここからは、ブラウザの実装に左右されずにフォントの読み込みを最適化する方法を紹介していきます。

## 3.3　ウェブフォントでよくある問題

最適化手法の紹介の前に、ウェブフォントを使うと発生しうる2つの問題について見ていきましょう。

FOUT（Flash of Unstyled Text）

前節で説明したように、リクエストしたフォントがロードされるまでの間、Chromeなどのブラウザではタイムアウトするまでの時間が設定されています。タイムアウトまでの間にロードが完了しなかった場合代替フォントが表示されますが、その後フォントのダウンロードが完了したら代替フォントから指定のフォントへ表示が切り替わります。その切り替わりの瞬間にチラつきが発生する問題です。

FOIT（Flash of Invisible Text）

Safariではフォントのロードを待ち続けるように実装されているため、フォントのダウンロードが完了するまでテキストが表示されなくなる問題です。

第3章　ウェブフォント最適化 21

## 3.4 CSSによる最適化

FOUTやFOITの発生はユーザー体験を損ねる場合があるため、できるだけ避けたいところです。font-displayプロパティはフォント読み込み中の挙動をCSSから制御するもので、これらの現象の発生を抑えることができます。

font-displayプロパティ

このプロパティを設定すると、読み込み中の挙動をCSSから制御できるようになります。ブラウザの対応状況は次の表3.2のとおりです。

表3.2: font-displayプロパティの対応状況

| ブラウザ | 対応バージョン |
|---|---|
| Chrome | 60 |
| Opera | 47 |
| Firefox | 58 |
| Edge, IE | 未対応 |
| Safari | 対応済 |

font-displayプロパティには次の5つの値を設定できます。

```
1: font-display: auto;
2: font-display: block;
3: font-display: swap;
4: font-display: fallback;
5: font-display: optional;
```

auto

未指定の場合と同じで、ブラウザのデフォルトの挙動になります。

block

block periodにブラウザのデフォルト値が設定され、swap periodにinfiniteが設定されます。これによりタイムアウトがなくなるため、代替フォントを表示しないことからFOITが発生しやすくなります。

アイコンフォントなど代替フォントで表示してほしくないフォントに使用するとよいでしょう。

swap

block periodに0、swap periodにinfiniteが設定されます。テキストはすぐにフォールバックフォントで表示され、フォントが取得できたら表示が切り替わります。また、フォントが

22 | 第3章 ウェブフォント最適化

全て取得できるまでフォントの読み込みを続けます。そのためFOITはなくなりますが、FOUTが発生しやすくなります。

すぐに表示されてほしいけど、最終的には必ず指定のフォントで表示されなければならないもの（ロゴなど）に使用するとよいでしょう。

fallback

block periodに100ms、swap periodに3sが設定されます。FOITの発生を避けるために早めにフォールバックフォントを表示しつつ、フォントを取得します。ちょうどblockとswapの中間のような挙動ですね。swap periodでフォントが取得できなかった場合はフォールバックフォントがそのまま表示され、フォントの読み込みは中止されます。

フォールバックフォントでの表示が許容できる場合に使用するとよいでしょう。

optional

block periodに100ms、swap periodに0sが設定されます。block periodを短くすることでFOITを避けつつ、swap periodが0sなのでFOUTも発生しません。

また、optionalの場合フォントの取得をするかの判断はブラウザに任され、テキストを早く表示することを優先します。きちんとフォントをキャッシュできれば、初回アクセスではフォールバックフォントを表示させ、次回以降のアクセスではウェブフォントを表示させることができます。その場合FOITもFOUTも発生しません。

テキストを素早く表示することが重要で、付加価値としてウェブフォントでの表示を提供するという場合に使うとよいでしょう。

まとめ

auto以外の4つのプロパティをまとめると次の図のようになります。

図3.3: まとめ

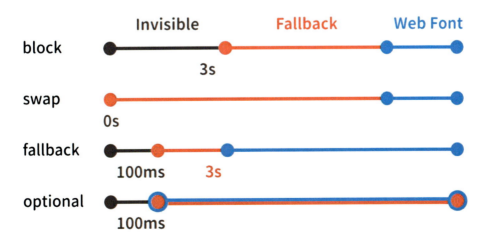

## 3.5 JavaScriptによる最適化

CSSで読み込みを制御する方法を紹介しましたが、もちろんJavaScriptで制御することもできます。

Font Loding API

Font Loading APIは、CSSの`font-face`プロパティを制御することができ、フォントのダウンロードの進行状況を監視したり、読み込み中の挙動を制御することができます。

Font Loading APIを実際に使用するには、`FontFace`インスタンスを定義します。`FontFace`インスタンスはPromiseです。

`FontFace`は3つ引数をとることができ、それぞれ次のような役割があります。

・第1引数：font-familyとなる文字列
・第2引数：フォントファイルのURLかArrayBuffer
・第3引数：オプションでunicodeRangeなどを指定する（省略可）

次の例ではInu Sans CJK JPをJavaScriptを使って読み込んでいます。

```
const font = new FontFace('Inu Sans CJK JP',
'url(InuSansCJKjp-Regular.woff2)');

font.load().then(font => {
  document.fonts.add(font);
  document.body.style.fontFamily =
    ''Noto Sans', 'Noto Sans CJK JP', 'Inu Sans CJK JP',
sans-serif';
});
```

`load()`メソッドは評価されたタイミングでフォントをリクエストするので、HTMLのレンダリングを待たずにフォントをリクエストすることが可能です。

`check()`メソッドを使えば、特定のフォントの読み込みが完了しているかどうかを調べることができます。この結果を使って表示を保留する、タイムアウトを設定するなど独自の制御を追加することができます。

```
font.ready().then(fontFaceSet => {
  console.log(fontFaceSet.check('Inu Sans CJK JP'));
});
```

Font Loading APIは便利ですが、ブラウザの実装に差があるため、次のWeb Font Loaderを使用するのが現実的です。

Web Font Loader

Web Font LoaderはGoogleとTypekitが共同開発しているライブラリで、Font Loding API
のようにフォントの読み込みを制御します。Font Loding APIよりも簡単に扱うことができ、
Google FontsやTypekitなどの読み込みも制御できます。

Web Font Loaderを使用するにはnpm経由でインストールするかCDNのコードを利用し
ます。

```
npm install webfontloader
```

Google Fonts を利用する場合のサンプル1

```
import WebFont from 'webfontloader';

WebFont.load({
  google: {
    families: ['Noto Sans']
  }
});
```

Google Fonts を利用する場合のサンプル2

```
<script
  src="https://ajax.googleapis.com/ajax/libs/
  webfont/1.6.26/webfont.js">
</script><script>
  WebFont.load({
    google: {
      families: ['Noto Sans']
    }
  });
</script>
```

非同期での読み込み

scriptタグでWeb Font Loaderを読み込む場合、レンダリングをブロックするためテキスト
の表示が遅れる場合があります。Web Font Loaderを非同期で読み込むことでこれを解決でき
ます。

GitHubの例ではスクリプト注入方式のコードが紹介されていますが、これはあまり良い方法
ではありません[3]。

---

3.https://www.igvita.com/2014/05/20/script-injected-async-scripts-considered-harmful/

本書では、よりシンプルでモダンな、scriptタグのasync属性を利用したコードを紹介します。

JSの非同期読み込み

```
<script>
WebFontConfig = {
  google: {
    families: ['Noto Sans']
  }
};

if(typeof WebFont === 'object'){
  WebFont.load(WebFontConfig);
}
</script>
<script
  src="https://ajax.googleapis.com/ajax/libs/
  webfont/1.6.26/webfont.js"
  async
></script>
```

非同期で読み込んだ場合、WebFont.load()が実行されるタイミングでWeb Font Loader の読み込みが完了していな可能性があります。そのため、WebFontのtypeofをチェックして、読み込みが完了していない時は実行されないようにしています。

JavaScriptを非同期で読み込んだ場合、Web Font Loaderが実行される前にページがレンダリングされてしまうことがあり、FOUTが発生しやすくなってしまいます。しかし、CSSを組み合わせて使用することでFOUTによるユーザー体験の損失を最小限に抑えることができます。CSSと組み合わせて使用する方法は、この節の最後で紹介します。

設定

Web Font Loaderの設定を追加するにはWebFontConfigというオブジェクトを定義するかWebFont.loadメソッドに直接追加する必要があります。CDNからWeb Font Loaderを読み込む場合、WebFontConfigはグローバル変数として定義されています。設定では読み込むフォントを定義し、Web Font Loaderが発火するイベントのコールバックを指定することができます。

WebFontConfig

```
WebFontConfig = {
  loading: () => {},
  active: () => {},
  inactive: () => {},
```

```
  fontloading: (familyName, fvd) => {},
  fontactive: (familyName, fvd) => {},
  fontinactive: (familyName, fvd) => {}
};
```

読み込み中に発火するイベント

　Web Font Loaderはフォントの読み込み中、次の6つのイベントを発火します。これらのイベントを利用することで、フォントの読み込み状況に応じた処理を実行できます。

表3.3: イベント一覧

| loading | すべてのフォントがリクエストされたときに発火するイベント |
|---|---|
| active | すべてのフォントがレンダリングされたときに発火するイベント |
| inactive | すべてのブラウザがフォントをサポートしていない場合やフォントがロード出来なかった場合に発火するイベント |
| fontloading | 特定のフォントが読み込まれるごとに発火するイベント |
| fontactive | 特定のフォントがレンダリングされるごとに発火するイベント |
| fontinactive | 特定のフォントが読み込まれなかったとき発火するイベント |

　また、それぞれのタイミングで、htmlタグにクラスが付与されます。付与されるクラスは次のとおりです。

htmlタグに付与されるクラス一覧

```
.wf-loading
.wf-active
.wf-inactive
.wf-<familyname>-<fvd>-loading
.wf-<familyname>-<fvd>-active
.wf-<familyname>-<fvd>-inactive

<fvd>にはFont Variation Descriptionを表す文字列が入ります。（次のコラムを参照）
```

　イベントに応じたクラスの付与やイベントの発火自体をしたくない場合は、次のように設定してください。

```
WebFontConfig = {
  classes: false,
  events: false
};
```

## fvd（Font Variation Description）

Font Variation Description は、@font-face のプロパティ集合を明確かつコンパクトかつわかりやすく記述する方法です。シンプルな文字列で font-face プロパティについて記述できます。

次の2つの集合はどちらも同じスタイルを定義しています。

n4

```
font-style: normal;
font-weight: normal;
```

font-face の各プロパティと fvd の対応は次のようになります。

font-style
n: normal（デフォルト）
i: italic
o: oblique
font-weight
1: 100
2: 200
3: 300
4: 400（デフォルト、normal と同じ）（default, also recognized as 'normal'）
5: 500
6: 600
7: 700（bold と同じ）
8: 800
9: 900
font-stretch
a: ultra-condensed
b: extra-condensed
c: condensed
d: semi-condensed
n: normal（デフォルト）
e: semi-expanded
f: expanded
g: extra-expanded
h: ultra-expanded

タイムアウト処理

フォントが読み込まれなかったとき、タイムアウトするまでの時間を設定できます。デフォルトの値は3秒です。タイムアウトは ms で指定します。

```
WebFontConfig = {
  google: {
```

```
      families: ['Noto Sans']
   },
   timeout: 2000
};
```

モジュール

　Web Font Loaderはウェブフォント配信サービスに対応するためのモジュールを提供しています。WebFontConfigに設定を追加するだけで、複数のサービスを簡単に利用することができます。また、カスタムフォントの読み込みにも対応しています。詳しくはWeb Font LoaderのGitHubリポジトリ[4]を確認してください。

　本書ではGoogle Fonts、Typekit、カスタムフォントの例を紹介します。

Google Fonts

　Google Font APIを使用してフォントを読み込みます。APIと同じシンタックスを利用することができますが、先ほど紹介したfvdには対応していないので注意しましょう。

Google Fonts

```
WebFontConfig = {
   google: {
      families: ['Noto Sans', 'Noto Serif']
   }
};
```

　ウエイトを指定して読み込むこともできます。

Google Fonts: ウエイトの指定

```
WebFontConfig = {
   google: {
      families: ['Noto Sans:300,700']
   }
};
```

　textパラメーターでテキストを指定して、サブセット化することもできます。

Google Fonts

```
WebFontConfig = {
```

4.https://github.com/typekit/webfontloader#modules

```
  google: {
    families: families: ['Noto Sans', 'Noto Serif'],
    text: 'abcdefghijklmnopqrstuvwxyz!'
  }
};
```

Typekit

typekit

```
WebFontConfig = {
  typekit: {
    id: 'xxxxxx'
  }
};
```

## Typekitの埋め込み

　Typekitでは、独自のJavaScriptを利用してフォントを読み込む方法が提供されています。そのコードの中でもWeb Font Loaderが利用されているため、先に紹介した機能はすべて利用することができます。

　同じページ内で他のウェブフォント配信サービスを利用しない場合は、Typekitが提供しているコードを使うほうがよいでしょう。

**Typekitの埋め込みコード**

```
<script>
(function(d) {
var config = {
kitId: 'xxxxxxx',
scriptTimeout: 3000,
async: true
},
h=d.documentElement,t=setTimeout(function()
{h.className=h.className.replace(/\bwf-loading\b/g,"")+"
wf-inactive";},
config.scriptTimeout),tk=d.createElement("script"),
f=false,s=d.getElementsByTagName("script")[0],a;h.className+="
wf-loading";
tk.src='https://use.typekit.net/'+config.kitId+'.js';
tk.async=true;tk.onload=tk.onreadystatechange=function(){a=this.readyState;
if(f||a&&a!="complete"&&a!="loaded")return;
f=true;clearTimeout(t);try{Typekit.load(config)}catch(e){}};
s.parentNode.insertBefore(tk,s)
})(document);
```

```
</script>
```

### カスタムフォント

customモジュールを使えば、独自に定義したフォントを読み込むこともできます。独自のフォントを読み込む場合、フォントファミリーの名称と@font-faceを定義しているCSSファイルへのパスを定義します。

カスタムフォントの読み込み

```
WebFontConfig = {
  custom: {
    families: ['Inu Sans CJK JP:n4,n7'],
    urls: ['/fonts.css']
  }
};
```

このとき、CSSは次のようになります。

CSS

```
@font-face {
  font-family: 'Inu Sans CJK JP';
  font-style: normal;
  font-weight: 400;
  src: ...;
}
@font-face {
  font-family: 'Inu Sans CJK JP';
  font-style: normal;
  font-weight: 700;
  src: ...;
}
```

### FOUTをCSSで制御する

FOUTを抑制するために、フォントの読み込み中はフォントを非表示にし、読み込みが完了するか取得に失敗したらフォントが表示されるようにします。

FOUT を抑制する CSS

```
<style>
```

```
.wf-loading h1 {
  font-family: 'Inu Sans CJK JP';
  visibility: hidden;
}

.wf-active h1,
.wf-inactive h1 {
  visibility: visible;
}
</style>
```

## 3.6　キャッシュによる最適化

　フォントは静的なリソースであり、頻繁に更新されることはないため、max-ageの有効期限を長く指定することが効果的です。このとき、サーバーからのレスポンスに対して、ETagヘッダと適切なCache-Controlヘッダの両方を必ず指定してください。（これはサーバー側の設定です。サーバーから適切なレスポンスがあれば、ブラウザ側では設定などの必要はありません。）

ETag

　**ETag（エンティティタグ）**はHTTPにおけるレスポンスヘッダの一種です。このETagを利用してブラウザでキャッシュされたリソースとサーバー上のオリジナルが一致しているかどうかを判定します。ページへのアクセスが2回目以降、かつ前回のアクセス時にサーバーからEtagを受信しているとき、ブラウザはIf-None-MatchヘッダにETagの内容を含めてリクエストを送信します。

　リクエストを受け取ったサーバーは、リソースに変更がなければ"304 Not Modified"を返し、キャッシュ内のレスポンスに変更がなく更新を120秒後に延期できることをブラウザに通知します。変更がない場合はフォントを再ダウンロードする必要がないため、読み込み時間を短縮できます。

Cache-Control

　Cache-Controlヘッダは、ブラウザやその他の中間キャッシュに各レスポンスをキャッシュする条件やキャッシュ期間を制御するためのヘッダです。さまざまなディレクティブを指定することができますが、ウェブフォントを扱うときに重要なのはmax-ageディレクティブです。

max-age

　このディレクティブでは、取得したレスポンスを再利用できる期間を、リクエストの時刻を起点とする秒数で指定します。たとえば"max-age=60"と指定すると、レスポンスは60秒間

キャッシュに格納され再利用できます。

　フォントは静的リソースなので、このmax-ageの値を大きく指定して、より長い期間再利用できるようにするとよいでしょう。次の例ではキャッシュを利用できる期間を1年に設定しています。

図: キャッシュの仕組み

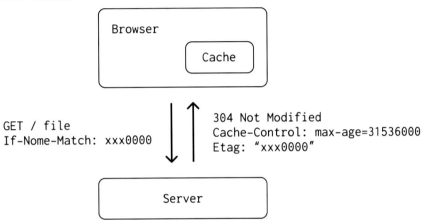

## 3.7　preloadによる最適化

　preloadはリソースの読み込みを最適化するために策定された仕様で、<link>タグのrel属性に指定します。preloadを指定すると、ページの読み込み後すぐに必要なリソース（CSS、JS、画像など）を、ブラウザがHTMLをレンダリングする前に先読みさせることができます。これを使うと、ページのレンダリングがブロックされにくくなり、パフォーマンスが向上します。

　フォントの場合は次のように記述します。

フォントのpreload

```
<link rel="preload" as="font" type="font/woff2"
  href=https://path-to-font/InuSansCJKjp-Regular.woff2
crossorigin="anonymous">
<link rel="preload" as="font" type="font/woff"
  href=https://path-to-font/InuSansCJKjp-Regular.woff
crossorigin="anonymous">
```

　as属性を指定すると、ブラウザに先読みするリソースの種類を指示できます。これにより次

のことが実現できます。

- ・リソース読み込みの優先付けがより正確になる
- ・必要に応じて同じリソースを再利用できる
- ・リソースに対して適正な Content Security Policy[5]を適用できる
- ・Accept[6]リクエストヘッダを正しく設定できる

## 3.8 最適化チェックリスト

繰り返しになりますが、最適化されたウェブフォントを適切に利用すれば、ウェブサイト全体のユーザー体験を大幅に向上できます。是非ウェブフォントを積極的に活用しましょう！

ただし、安易に実装すると大量のダウンロードや不要な遅延が生じる可能性があります。そこで、フォントファイルやそれらを取得してページ上で利用する方法を最適化する必要があります。

使用するフォントの種類を少なくする

ページ上で表示するフォントの種類が増えすぎないように注意しましょう。使用するフォントの種類を最小限に抑えることでデザインの一貫性が高まり、動作も高速になります。

フォントをサブセット化する

多数のフォントをサブセット化したり、unicode-range を指定して分割することで、必要なグリフだけを読み込むことができます。その結果、ファイルサイズが減少しリソースのダウンロード速度が速くなります。ただし、フォントをサブセット化する際はフォントの再利用を考慮して注意深く最適化してください。

最適化されたフォント形式で提供する

フォントをウェブフォントとして配信するときは、WOFF2 形式と WOFF 形式で提供します。2018 年 4 月現在、WOFF と WOFF2 形式がほとんどのブラウザでサポートされているので、EOT 形式と TTF 形式での提供は必要ないでしょう。（一部の古いブラウザに対応したい場合は提供する必要がありますが、その場合はフォントの形式よりも、そのブラウザをサポートするのかどうか改めて考えましょう。）

レスポンスの検証と最適なキャッシュポリシーの指定

フォントは静的なリソースであり、頻繁に更新されることはありません。サーバーで長期間キャッシュするように設定しましょう。また、Etag によるレスポンスの検証をすることで、フォントを効率よく再利用することができます。

---

5.https://developer.mozilla.org/ja/docs/Web/HTTP/CSP

6.https://developer.mozilla.org/en-US/docs/Web/HTTP/Headers/Accept さらに type 属性を指定すると、ブラウザがそのファイルタイプをサポートしている場合のみリソースを取得するようにできます。

preloadを設定する

　linkタグのrel属性にpreloadを設定することで、リソースの読み込みを最適化でき、全体の
パフォーマンスを向上させることができます。

クリティカルレンダリングパスを最適化する

　フォント読み込み中の挙動はブラウザ間で異なり、デフォルトの動作ではテキストのレンダ
リングが遅れてユーザー体験を損ねる可能性があります。font-displayプロパティやWeb Font
Loaderを使えばこの動作を制御でき、レンダリングをカスタムしたりタイムアウトを指定でき
たりします。

# 付録A　フリーフォントのライセンスについて

　自前でウェブフォントを用意する場合はウェブ上で公開、配布されているフリーフォントを使用することになります。2018年現在、和文フォントだけでもかなりの数のフリーフォントが公開されており、誰でも簡単に利用できます。

　ここで注意しなければならないのが**フォントのライセンス**です。どのようなフォントであってもライセンスに則った利用をしなければなりませんが、ライセンスによってはウェブフォントとして利用できない場合もあるからです。したがって、フォントを利用する前に十分にライセンスについて確認しておく必要があります。素晴らしいフォントを誰でも使うことができる今の時代だからこそ、きちんとした知識を身に着け、正しく楽しくフォントを使いましょう！

## A.1　ウェブフォントの扱い

　フォントをウェブフォントとして利用することは、**「フォントの再配布」**にあたります。また、サブセット化すると**「フォントの改変」**にあたる可能性もあります。この2点をクリアしなければウェブフォントとして利用することができません。

## A.2　ウェブフォントとして利用可能なライセンス

　次のいずれかのライセンスが適用されていれば、ウェブフォントとして利用することができます。

- SIL Open Font License（OFL）[1]
- Apache License 2.0[2]
- M+ FONT LICENSE[3]

### SIL Open Font License（OFL）

　SILインターナショナルによって制定されたオープンソースライセンスです。ライセンスを明示すれば、改変や再配布など自由に利用できます。フォント単体での販売はできません。OFLは、ライセンスを付与されたフォントの使用、研究、改変、再配布を、それ自体を販売しない限り自由に行うことを許可します。フォント（派生的著作物を含む）は、予約済みの名称を派生的著作物で使用していない限り、任意のソフトウェアとバンドル、埋め込み、再配布およ

---

1.https://ja.osdn.net/projects/opensource/wiki/SIL_Open_Font_License_1.1
2.https://osdn.jp/projects/opensource/wiki/licenses%2FApache_License_2.0
3.http://mplus-fonts.osdn.jp/about.html#license

び販売が行えます。ただしフォントおよび派生物を別の種類のライセンスに基づいてリリースすることはできません。フォントをこのライセンスに基づいた状態に保つという要件は、フォントまたはその派生物を使って作成されたいかなるドキュメントにも適用されません。

明示方法

```
/*
 * "InuFont" licensed under the SIL Open Font License
 * https://www.hogehoge.com/ (配布元のURL)
 */
@font-face {
  font-family: 'InuFont';
  src: url('InuFont.woff') format('woff');
  font-weight: normal;
  font-style: normal;
}
```

Apache License 2.0

Apacheソフトウェア財団（ASF）によって制定されたソフトウェア向けオープンソースライセンスです。これはウェブフォントに限らずさまざまなソフトウェアに適用されます。OFL同様、ライセンスを明示すれば改変や再配布など自由に利用できます。

明示方法

```
/*
 * Copyright (C) [yyyy] [配布者の名前]
 *       http://www.hogehoge.com/ (配布元のURL)
 *
 * Licensed under the Apache License, Version 2.0 (the "License");
 * you may not use this file except in compliance with the
License.
 * You may obtain a copy of the License at
 *
 *       http://www.apache.org/licenses/LICENSE-2.0
 *
 * Unless required by applicable law or agreed to in writing,
software
 * distributed under the License is distributed on an "AS IS"
BASIS,
 * WITHOUT WARRANTIES OR CONDITIONS OF ANY KIND, either express or
```

付録A　フリーフォントのライセンスについて　37

```
implied.
 * See the License for the specific language governing permissions
and
 * limitations under the License.
 */
@font-face {
  font-family: 'InuFont';
  src: url('InuFont.woff') format('woff');
  font-weight: normal;
  font-style: normal;
}
```

M+ FONT LICENSE

　フリーフォントであるM+ FONTの独自ライセンスです。あらゆる用途に無料で使用することができます。ライセンスを明示も必要ありません。

その他のライセンス

　各フリーフォント独自のライセンスを設定、適用している場合もあります。ウェブサイトなどに詳しく記載があることがほとんどだと思いますが、不明な点がある場合は作者の方に直接問い合わせてみるとよいでしょう。

パブリックドメイン

　パブリックドメインとは**「著作権や商標権などが消滅したもの、または放棄されたもの」**のことを指す言葉です。制作者によって著作権の放棄が宣言された場合などがこれに該当します。「誰の所有物でもない」状態なので、個人利用・商用利用にかかわらず無償で利用することができ、あらゆる用途に利用できます。

## A.3　著作権侵害をしないために気をつけることリスト

・「フォントの再配布」はOK？

・「フォントの改変（サブセット化）」はOK？

・（表記が必要な場合）ライセンスをきちんと表記しているか？

・不明な点がある場合は必ず作者やライセンスを管理している組織に問い合わせる

||||||||||||||||||||||||||||||||||||||||||||||||||||||||||||||||||||||||||||||||
補足：IPAフォントライセンスv1.0について

　IPAフォントライセンスv1.0はIPA（独立行政法人 情報処理推進機構）が公開しているIPAフォントのために制定された

オープンソースライセンスです。インターネット上では「ウェブフォントとして使用可能である」と書かれていることもありますが、このライセンスが適用されているフォントはウェブフォントとして使用できないので注意してください。

　IPA に問い合わせたところ、次のような回答をいただいたので記載します。

---

IPA フォント（IPAex フォントおよび IPA フォント Ver.3）のご使用にあたっては、IPA フォントライセンス v1.0 に同意いただく必要があります。

ウェブフォントとして利用についてですが、IPA フォントからツール等で文字を抜き出す、または変換して Web フォントを作成した場合は、「派生プログラム」の作成となります。

「派生プログラム」の再配布につきましては、FAQ「3.3 派生プログラムの再配布条件に記載の 3.3.1 ～ 3.3.5 のすべてを満たしていただく必要があります。弊機構では、Web フォントは上記条件を満たさないと考えております。

IPA フォントの利用については、FAQ において事例を示させて頂いておりますので、こちらを参考にして頂ければ幸いです。

IPA フォントのご使用に関しましてご判断が困難な場合は、IPA フォントライセンス v1.0 とご使用ケースとの整合性を専門の弁護士にご相談いただくことをおすすめいたします。

なお、弊機構では IPA フォントライセンス第 3 条 4 項に明記していますとおり、IPA フォントに関するユーザ・サポートやライセンス面等を含む個別のご相談などはお受けしておりません。

何卒ご了承のほどよろしくお願い致します。

# 付録B　おすすめの日本語フリーフォント

1. Yaku Han JP

　半角の約物だけが収録されているWebフォントです。これ使うと、テキストがスッキリして読みやすくなります。約物しか入っていないためとても軽く導入しやすいので、非常におすすめのウェブフォントです。

2. 源ノ角ゴシック（Source Han Sans、Noto Sans CJK JP）

　GoogleとAdobeが共同開発したNoto Sansに含まれる日本語フォントです。きれいで読みやすく、weightが豊富なのも魅力のフォントです。Yaku Han JPはこのフォントをベースに作られているので、とても相性が良いです。

3. 源柔ゴシック

　Noto Sans CJK JPの角を丸めて丸ゴシック風にした派生フォントです。適度に丸く優しい雰囲気のフォントで、可読性も高いのでテキストが多いサイトでも使いやすいデザインです。丸さを抑えた源柔ゴシックLや丸みを強めた源柔ゴシックXなどがあり，ウェブサイトのデザインによって使い分けられるのも魅力です。

4. 源ノ明朝（Source Han Serif、Noto Serif CJK JP）

　GoogleとAdobeが共同開発した明朝体フォントです。簡体中国語、繁体中国語、日本語、および韓国語をサポートしています。画面表示向けに最適化されているため、きれいで読みやすいのが特徴です。

著者紹介

# 大木 尊紀（おおき たかのり）

都内で働くフロントエンドエンジニア。猫、温泉、ゲーム、ロボットアニメ、自転車、フォントが好き。最近はReactとかVue.jsとかPolymerとか書いている。
好きなフォント：チェックポイントリベンジ、機械彫刻用標準書体、ラグランパンチ、源柔ゴシック
ウェブサイト：https://takanorip.com
Twitter：@takanoripe
Qiita：@takanorip
GitHub：@takanorip

◎本書スタッフ
アートディレクター/装丁：岡田章志＋GY
表紙イラスト：Mitra
表紙イラスト・アートディレクション：itopoid
編集協力：飯嶋玲子
デジタル編集：栗原 翔

**技術の泉シリーズ・刊行によせて**
技術者の知見のアウトプットである技術同人誌は、急速に認知度を高めています。インプレスR&Dは国内最大級の即売会「技術書典」(https://techbookfest.org/) で頒布された技術同人誌を底本とした商業書籍を2016年より刊行し、これらを中心とした『技術書典シリーズ』を展開してきました。2019年4月、より幅広い技術同人誌を対象とし、最新の知見を発信するために『技術の泉シリーズ』へリニューアルしました。今後は「技術書典」をはじめとした各種即売会や、勉強会・LT会などで頒布された技術同人誌を底本とした商業書籍を刊行し、技術同人誌の普及と発展に貢献することを目指します。エンジニアの"知の結晶"である技術同人誌の世界に、より多くの方が触れていただくきっかけになれば幸いです。

株式会社インプレスR&D
技術の泉シリーズ　編集長　山城 敬

**●お断り**
掲載したURLは2018年6月15日現在のものです。サイトの都合で変更されることがあります。また、電子版ではURLにハイパーリンクを設定していますが、端末やビューアー、リンク先のファイルタイプによっては表示されないことがあります。あらかじめご了承ください。
**●本書の内容についてのお問い合わせ先**
株式会社インプレスR&D　メール窓口
np-info@impress.co.jp
件名に「『本書名』問い合わせ係」と明記してお送りください。
電話やFAX、郵便でのご質問にはお答えできません。返信までには、しばらくお時間をいただく場合があります。なお、本書の範囲を超えるご質問にはお答えしかねますので、あらかじめご了承ください。
また、本書の内容についてはNextPublishingオフィシャルWebサイトにて情報を公開しております。
https://nextpublishing.jp/

●落丁・乱丁本はお手数ですが、インプレスカスタマーセンターまでお送りください。送料弊社負担 にてお取り替えさせていただきます。但し、古書店で購入されたものについてはお取り替えできません。
■読者の窓口
インプレスカスタマーセンター
〒101-0051
東京都千代田区神田神保町一丁目 105番地
TEL 03-6837-5016／FAX 03-6837-5023
info@impress.co.jp
■書店／販売店のご注文窓口
株式会社インプレス受注センター
TEL 048-449-8040／FAX 048-449-8041

技術の泉シリーズ

# 誰でもつかえる！ウェブフォント実践マニュアル

2018年7月13日　初版発行Ver.1.0（PDF版）
2019年4月12日　Ver.1.1

著　者　大木 尊紀
編集人　山城 敬
発行人　井芹 昌信
発　行　株式会社インプレスR&D
　　　　〒101-0051
　　　　東京都千代田区神田神保町一丁目105番地
　　　　https://nextpublishing.jp/
発　売　株式会社インプレス
　　　　〒101-0051　東京都千代田区神田神保町一丁目105番地

●本書は著作権法上の保護を受けています。本書の一部あるいは全部について株式会社インプレスR&Dから文書による許諾を得ずに、いかなる方法においても無断で複写、複製することは禁じられています。

©2018 Takanori Oki. All rights reserved.
印刷・製本　京葉流通倉庫株式会社
Printed in Japan

ISBN978-4-8443-9838-7

NextPublishing®

●本書はNextPublishingメソッドによって発行されています。
NextPublishingメソッドは株式会社インプレスR&Dが開発した、電子書籍と印刷書籍を同時発行できるデジタルファースト型の新出版方式です。https://nextpublishing.jp/